CONSTITUTION

DE

L'UNIVERS.

CONSTITUTION

DE

L'UNIVERS,

PAR

J. B. F. DOUSSEUR.

PARIS,

TYPOGRAPHIE DE FIRMIN DIDOT FRÈRES,
IMPRIMEURS DE L'INSTITUT,
RUE JACOB, 56.

1842.

AVANT-PROPOS.

J'ai médité sur la constitution de l'univers sans consulter aucun des auteurs qui ont traité le même sujet : je craignais de rencontrer dans leurs ouvrages des rapprochements qui auraient pu m'engager dans une autre voie que celle vers laquelle ma conviction m'entraînait.

Cet ouvrage est divisé en trois parties : l'introduction, l'exposé de l'ensemble universel, et l'exposé des rapports de notre globe avec cet ensemble.

L'introduction, qui est établie pour préparer l'esprit à comprendre comment la plus simple des combinaisons a pu produire un aussi grand résultat, se compose de quelques remarques sur les principes constituants.

L'exposé de l'ensemble universel explique la constitution de l'univers, sa durée non limitée et sa reconstitution après la désorganisation de l'état actuel, la formation des corps célestes, leurs différentes marches et gravitations, les causes qui provoquent leurs changements de place, leurs changements de marche et leur destruction.

L'exposé des rapports de notre globe avec l'ensemble se compose d'observations expliquant son état primitif, les causes de ses variétés terrestres, celles des volcans, l'origine des montagnes, le principe du vent, les causes du flux et du reflux des eaux de la mer, etc.

INTRODUCTION.

L'univers est formé d'un nombre incalculable de molécules ou infiniment petites parties, dont les espèces de nature différente entrent dans la combinaison de tout ce qui existe et n'y laissent pas de vide.

Pour faire comprendre la constitution de l'univers, il n'est pas nécessaire d'analyser chacune des espèces de molécules qui le composent, il suffit de dire que ces molécules combinables entre elles sont la base de tous les liquides, les minéraux, les végétaux, les animaux, et que, selon leur nature et leur quantité dans la composition d'un corps, elles font varier l'espèce, la couleur, la saveur, la forme et les proportions de ce corps, et aussi qu'elles sont éternelles, se reproduisant de la décomposition de toutes les combinaisons dans lesquelles elles sont entrées.

Quelques remarques suffiront pour faire comprendre comment les molécules peuvent constituer ce grand ensemble, et comment la puissance de la chaleur, qui croît et qui décroît selon la position et la qualité des objets, peut, en pénétrant, occupant, stimulant, dilatant, fusionnant toutes les molécules qui entrent dans la composition des corps, faire réunir ou diviser ces molécules sans jamais en détruire les principes élémentaires, et par cette faculté peut provoquer la naissance, le développement, la maturité, la décomposition, et avec les mêmes éléments la recomposition de tout ce qui existe dans cet univers, où la lumière est plus ou moins grande en raison de la position et de la qualité des objets qui lui donnent la couleur et le reflet.

Pour reconnaître que la chaleur peut diviser et transformer en gaz les molécules qui entrent dans la formation des corps simples sans détruire leurs principes élémentaires, il suffit de placer sur le feu un vase contenant du mercure, car il s'y transforme en vapeur, laquelle étant reçue dans l'eau reproduit la même quantité de mercure possédant les mêmes facultés.

On reconnaîtrait aussi cette puissance de la chaleur sur les molécules, qui, combinées entre elles, forment les corps composés, si l'on retenait les molécules qui s'échappent d'un morceau de bois pendant l'action du feu qui le divise, car en remêlant sa cendre avec les gaz formés par ses parties résineuses et aqueuses, on recomposerait du bois qui, ne sortant pas du sol comme un jet de sa fécondité, n'aurait pas de fils comme les bois ordinaires, mais serait d'une contexture semblable à celle des cocos, des noyaux d'abricots et autres.

On peut également juger de la puissance que la chaleur a sur les liquides, lorsque sa décroissance fait gonfler l'eau en la transformant en glace, et aussi au moment où, par l'accroissement de sa force, elle fait dégonfler la glace en la transformant en eau, laquelle étant placée sur le feu produit la vapeur en éprouvant un gonflement tellement considérable, qu'à volume égal elle pèse 1700 fois autant que cette vapeur, dont la légèreté plus grande que celle de l'air l'oblige à s'élever dans l'espace.

En étudiant ces diverses transformations,

on acquiert la certitude que ce corps éprouve tous ces changements sans perdre la faculté de se transformer de nouveau, et aussi que lorsqu'il est en glace il résiste au choc comme les corps solides, et qu'à l'état fluide il obéit à la moindre pression.

Les fluides soutiennent les corps qui à volume égal sont plus légers qu'eux.

Ce qu'on peut reconnaître, par exemple, en prenant une boule de terre cuite : si cette boule est pleine de terre, elle plongera dans l'eau; mais si elle est vide à l'intérieur, et que le poids de l'air qu'elle contient et le poids de la terre dont elle est formée, ne pèsent pas ensemble autant qu'un volume d'eau de sa dimension, elle surnagera, à moins que, jetée dans l'eau, l'élan qu'on lui donne n'ajoute momentanément à son poids réel assez de force pour pénétrer ce fluide ; mais s'il en était ainsi, on la verrait remonter aussitôt que la force de l'élan serait perdue.

On pourrait aussi, en remplaçant l'air contenu dans cette boule par le gaz qui est beaucoup plus léger, la faire monter dans l'espace; car aussitôt que son volume terre et gaz serait plus léger qu'un volume d'air de sa dimension, elle s'élèverait et ne s'arrêterait qu'à l'endroit où, à volume égal, l'air serait plus léger qu'elle.

Une boule qui, au lieu d'avoir la quantité de gaz nécessaire à son ascension, placée comme dans celle-ci au milieu de son volume, aurait cette même quantité divisée dans les concavités de la matière dont elle serait formée, s'élèverait de même.

Tous les corps qui s'élèvent dans l'espace y deviennent le jouet du vent, s'ils n'y sont maintenus et dirigés comme les corps célestes, ainsi qu'il est expliqué dans l'exposé suivant.

EXPOSÉ

DE

L'ENSEMBLE UNIVERSEL.

ÉTAT PRIMITIF.

Pour comprendre facilement l'état primitif de l'univers, il faut considérer le soleil comme une énorme masse de combustible enflammé, placée subitement dans l'intérieur d'un immense volume de glace. Car alors que dut-il arriver? que cette masse enflammée, en fondant autour d'elle cet intérieur du volume de glace, fit la place du gaz qu'elle produisait, que l'eau qui bouillonnait autour d'elle éteignit sa surface, et que le feu qu'elle contenait, refoulé vers son centre, y devint tellement puissant, qu'il y forma beaucoup de gaz, lequel, en se dégageant par fusées, l'obligea à pivoter aussitôt qu'une de ces fusées fut dirigée obliquement, car, contenue et non fixée dans cette fusion, cette masse ne pouvait résister à aucune des secousses susceptibles de lui imposer le pivotement.

Ce pivotement assura la domination de cette masse sur le fluide, et l'existence éternelle de son empire, car, disposant en toute liberté des gaz qu'elle produisait et de ceux qu'elle formait aux dépens du volume de glace, elle réenflamma sa surface et fit bientôt jaillir dans cette fusion une multitude d'éclats.

ÉTAT ACTUEL.

Dans son état actuel, l'univers est l'intérieur de cet immense volume de glace, au milieu duquel la masse de combustible enflammé qu'on nomme soleil, pivote continuellement sans changer de place, laissant encore parfois échapper quelques éclats, que la glace qu'elle fusionne et dirige reçoit, comme elle reçut les premiers éclats, et les promène avec eux incessamment autour d'elle.

Cette fusion progressive qui entoure le soleil est combustion près sa surface, air à la distance où sa chaleur permet aux divers gaz de former cette combinaison, eau à la distance plus éloignée où cet astre n'a que la force de fondre l'intérieur du volume de glace, dont le reste, à peine touché par ses rayons, est d'une solidité progressive jusqu'à l'extrême dureté, et sert d'enveloppe à tout son empire.

COMMENT LE SOLEIL EST FIXÉ AU MILIEU DE L'UNIVERS.

Cette masse enflammée, telle pesante qu'elle puisse être, est fixée au milieu de l'univers, non pas parce que la fusion la soutient, mais parce que cette fusion lui offrant la même chance de chute dans tous les sens, elle est forcée de rester au centre de toutes ces chutes, comme un corps qui, sollicité ou tiré également dans tous les points de sa surface, ne peut être entraîné par aucun de ces points.

Cette masse, dont le pivotement établit l'équilibre de pesanteur dans toutes les parties de son volume, étant fixée au centre de l'univers, est le sommet de la fusion vers lequel remontent tous les objets nageant dans cette fusion, n'importe de quel point ils partent; parce que, n'importe la position où on placerait le volume de glace dans lequel cette fusion est établie, la surface de ce foyer serait toujours l'endroit où cette fusion serait plus légère; il suit de là que ce brasier, placé ainsi, s'alimente lui-même, parce que, lancé ou non, le gaz qu'il forme aux dépens de son volume, est obligé, vu sa légèreté, de remonter continuellement vers lui, et, en se réincorporant incessamment avec le résidu dont il sort, de le revivifier sans cesse.

Le volume du soleil ne peut donc être diminué que par le départ des éclats qu'il lance dans la fusion où ils vont plonger, et ensuite se fixer dans la partie qui est à volume égal aussi lourde qu'eux.

La diminution du volume de ce grand astre ne peut provoquer sa destruction, car lorsque, par suite du départ successif d'un très-grand nombre d'éclats, il deviendra fort petit, il aura toujours la faculté de pivoter et de lancer sa chaleur dans la fusion ; seulement, son volume étant moins grand, son empire sera moins étendu ; alors la fusion suivant, sans changer d'état, la décroissance de ce brasier, deviendra si petite, que tous les éclats, ramenés par elle proche de cet astre, l'envelopperont dans tous les sens ; la chaleur concentrée deviendra tellement puissante qu'elle enflammera cette réunion d'éclats, et par cet embrasement général recréera son volume primitif dont l'empire s'agrandira de nouveau.

Ainsi reconstruit, ce nouvel empire se diminuera de même, en lançant de nouveaux éclats qui, formés des anciens, pourront porter quelques indices de leur précédente constitution, s'ils n'ont pas été entièrement réembrasés dans cette nouvelle combustion.

Cette réédification successive après la désorganisation est la preuve incontestable de l'existence éternelle de l'ensemble universel.

DE LA FORME DE LA FUSION.

Le pivotement continuel du soleil qui lance la chaleur, et le mouvement circulaire qui la transmet de proche en proche, donna à cette fusion une forme lenticulaire qui imposa à notre globe et à quelques autres la double inclinaison de leur axe.

DES ÉCLATS DÉTACHÉS DU SOLEIL.

Un éclat détaché du soleil par une explosion de gaz est, ainsi qu'on peut facilement le concevoir, comparable à un morceau de combustible qu'on retirerait d'un brasier avant que toute la substance inflammable soit absorbée. Sa forme est irrégulière, et son poids est en raison de son état de consommation plus ou moins avancée.

Il en est quelques-uns qui perdent en marchant de petites parties qui, en se détachant de leur volume, forment queue. On donne à ces éclats le nom de comète.

Selon leur état de consommation, deux éclats peuvent être égaux en poids et en volume, ou égaux en volume et d'un poids différent, ou d'une égale pesanteur et d'un volume différent.

Or, comme la pesanteur d'un éclat lui assigne la région qu'il doit occuper dans cette fusion progressive, deux éclats différents de volume, mais d'une constitution produisant la même pesanteur à volume égal, habitent la même région.

Les taches qu'on aperçoit à la surface du soleil sont ou la suite du départ d'un ou plusieurs éclats, ou l'effet d'une éruption bitumineuse couvrant momentanément une partie de sa surface.

Il est des taches qu'on doit croire provenir du départ d'un ou plusieurs éclats, lors même qu'on n'a pas vu ou qu'on ne verrait jamais ce ou ces nouveaux éclats; car il est certain, vu que le soleil tourne, et les anciens et les nouveaux éclats aussi, et que les habitants desdits éclats étant emportés par eux dans leur mouvement de rotation, que si un éclat se désunit d'avec le soleil à un point de la surface de cet astre qui n'est pas en vue de l'éclat ou de la contrée de cet éclat habitée par l'observateur au moment de cette désunion, la place quittée peut être aperçue plutôt que le volume qui l'occupait, ce volume pouvant être, selon sa distance du centre de rotation, occupé à plonger et par conséquent à accroître cette distance ou à parcourir la portion de la fusion derrière le soleil au moment où on aperçoit cette tache.

On peut aussi apercevoir un nouvel éclat lancé vivement dans les régions, sans jamais remarquer la place qu'il occupait dans la masse du soleil, s'il faut plus de temps au viel éclat habité par l'observateur pour arriver au point d'où il peut voir cette place, qu'il en faut pour qu'elle s'enflamme autant que le reste de la surface du soleil.

Un éclat pourrait être vu à son départ du soleil et disparaître en continuant de plonger, s'il va jusqu'aux régions que la portée des instruments astronomiques ne peut atteindre, ou en allant se fixer dans la même région que l'éclat qui l'observe dans la portion de cette région qui lui est cachée par la masse du soleil, car dans cette position le nouvel éclat serait constamment caché pour l'observateur, vu que les éclats tournent emportés par les régions qu'ils habitent, sans pouvoir changer de place dans ces régions, puisque le fluide d'une région étant le même dans toute son étendue sphéroïde, la partie qui suit l'éclat n'est pas plus puissante que la partie qui le précède, et que toutes ces parties poussent, prennent et cèdent la place avec une même force et une égale vitesse. ces deux éclats resteraient cachés l'un à l'autre par la masse du soleil, jusqu'à ce qu'il s'opère dans l'un ou l'autre un changement de contexture. Si, par exemple, une éruption volcanique reportait à l'extérieur de l'un de ces deux éclats les parties de son intérieur, il arriverait que cet éclat, devenu plus gros et par conséquent d'une contexture plus légère, serait obligé de changer de région, et d'aller habiter là où la fusion serait à volume égal, de même poids que lui; par ce changement de place, il pourrait apercevoir l'autre éclat, et même toute la portion que lui cachait le soleil.

Par cette transmigration d'un éclat passant d'une région dans une autre, un ancien éclat pourrait être pris pour un éclat nouvellement détaché du soleil; ce qui fait que lorsqu'on aperçoit un éclat inconnu, avant de le juger nouveau, il faut s'assurer, lorsqu'il est enflammé, si le feu qui le brûle n'est pas celui d'une éruption qui, augmentant son volume sans augmenter son poids, l'oblige à rétrograder et le fait arriver à la portée de nos lunettes; voir s'il n'est pas une portion d'un ancien éclat nouvellement détruit par une explosion; et, si ce volume fait jaillir quelques éclats, examiner si ces éclats sortent d'un seul point de sa surface, car cela étant, cet éclat pourrait être ancien et s'alléger par une éruption abondante et de longue durée.

Si les parties enflammées qu'un éclat abandonne dans sa marche partent de tous les points de sa surface, c'est un nouvel éclat qui, en se détachant du soleil, perd en plongeant les parties qui ne sont pas bien liées à son corps principal, ou qui éprouve par l'action du feu qu'active sa chute, de petites commotions qui les détachent de sa masse.

Un éclat, en allant prendre dans la fusion la place qui lui est assignée par son poids, son point de départ et la direction que lui donna l'élan qu'il a reçu, ne doit avoir de queue lumineuse qu'autant qu'il n'a pas encore plongé dans les régions où l'état de la fusion peut éteindre sa surface, ou que si, en revenant de ces régions, sa surface se réembrase de nouveau.

Les éclats d'une contexture légère restent toujours enflammés, parce qu'ils ne vont jamais plonger dans ces régions.

Un vieil éclat peut rétrograder vers le soleil sans paraître enflammé, si l'éruption qui allége son volume s'opère dans la partie de sa surface qui est opposée à celle vue de l'observateur, ou si cette éruption, au lieu de jaillir des matières enflammées, ne fait que bouillonner des cendres ou des matières liquéfiées qui coulent sur son sol sans jaillir.

DE LA MARCHE DES ÉCLATS A LEUR DÉPART DU SOLEIL.

Pour bien comprendre la marche d'un éclat, il ne faut pas oublier :

1° Que tout corps pivotant lance dans l'espace les objets qui se désunissent de son volume et peuvent s'éloigner de sa surface.

2° Que la force centrifuge s'accroît selon le poids du corps mobile qu'elle éloigne, et que cette force peut aussi être augmentée accidentellement et momentanément par l'élan donné à ce corps, si une commotion le détache de la masse.

3° Que l'élan est une puissance qui n'existe que du point de départ des corps lancés jusqu'au point de rencontre d'une force égale à la puissance entière dont elle est le complément.

4° Qu'un corps lancé par le soleil s'éloigne plus ou moins vite, selon son volume, sa forme, sa pesanteur, la compacité de la fusion qui lui fait obstacle; et aussi que lorsqu'un corps plonge, la hauteur de sa chute accroissant son élan de moment en moment, accroît aussi progressivement sa vitesse.

5° Qu'un corps poussé dans l'espace par la force centrifuge peut aussi obéir à une force qui agirait de côté.

6° Qu'un corps lancé dans un fluide le pénètre jusqu'à ce qu'il rencontre une résistance égale aux forces qui le poussent, et qu'aussitôt que ce corps perd une de ses forces, devenant plus léger que la partie du fluide où il a pénétré, il remonte au dessus de cette partie, et s'élève jusqu'au point où il trouve une résistance égale à sa force ou à son poids réel.

7° Qu'un corps en pivotant dispose d'une partie

de l'air ou du fluide dans lequel il est plongé; partie que je nomme tégument.

Étant persuadé de ces effets, on peut concevoir qu'aussitôt qu'un éclat est détaché du soleil et lancé par le mouvement de rotation de cet astre, il s'en éloigne plus ou moins vite, selon son poids, sa dimension, la cause qui le détache, et la résistance qu'oppose à son volume la compacité progressive de la fusion; qu'en plongeant ainsi dans cette fusion et descendant de la partie la plus légère, il finit par être obligé d'obéir au mouvement circulaire de cette fusion, et qu'il s'arrête dans son trajet centrifuge aussitôt que la force de rotation qui le pousse du centre et la force de sa pesanteur sont ensemble moins puissantes que la fusion; qu'aussitôt que la fusion oppose à l'une des forces d'un éclat une force égale à sa puissance, cette force ne fait plus que le maintenir et l'empêche de rétrograder; que la seule force qui reste à cet éclat, le dirige dans son sens, jusqu'à ce qu'il parvienne au point où la compacité de cette fusion s'oppose aussi à son passage dans cette seconde direction, et que si, par la force de son élan, un éclat est parvenu plus loin que la région où son poids lui permet d'habiter, perdant cet élan, il rétrogade vers cette région qui, comme toutes les régions ou couches sphéroïdes, étant d'une égale compacité dans tout son développement, l'entraîne et le promène sur la dernière région d'où il est remonté, lui permettant de pivoter, sans lui permettre de la parcourir même dans le sens de sa marche circulaire; enfin que lorsqu'un éclat, par sa position dans la région qu'il habite, est sous l'influence du jet principal de la chaleur (ce que nous verrons plus loin), il peut, tout en se laissant entraîner à faire le tour du soleil par la région qui le contient, s'élever ou descendre parallèlement à l'axe de ce foyer.

DE L'EXTINCTION DES ÉCLATS.

Un éclat qui parvient jusqu'aux régions où la compacité du fluide est très-grande, s'éteint à sa surface; il s'éteint même entièrement, s'il est d'un petit volume, ou s'il est constitué de façon à être promptement et entièrement pénétré. Mais si cet éclat est d'un volume considérable, son centre étant trop éloigné pour être pénétré, recèle et conserve le feu qui le brûlait. Ce feu continue à ronger son intérieur, et produit des éruptions qui, reportant à sa surface les parties solides de son centre, augmentent son volume sans accroître son poids, et l'obligent ainsi à rétrograder vers le soleil.

Les éclats entièrement éteints étant constamment dans le même rapport de poids et de volume, remontent après leur chute, si leur élan les a fait plonger trop loin; mais une fois remontés et fixés, ils ne changent jamais de région, à moins qu'un autre volume, en les rencontrant, les détruise, les entraîne ou les soumette à son mouvement.

Un éclat qui ne parvient pas jusqu'aux régions assez compactes pour y éteindre ses feux, brûle continuellement, en obéissant au mouvement de la région qui le contient; il ne diminue pas de volume, à moins qu'il fasse jaillir des éclats que, selon leur poids, il mobilise autour de lui dans la portion de la fusion dont il dispose, et à laquelle il fait suivre son mouvement de rotation particulier; ce qui donne à cet éclat une puissance et des satellites comparables à la puissance et aux satellites du soleil, sauf que ce grand astre impose le mouvement à tout l'univers, et que cet éclat, tout en donnant son mouvement particulier à ses satellites, est obligé de suivre avec eux, emporté par la région qui le contient, le mouvement qu'il reçoit du moteur général.

DE LA FORME QU'OBTIENNENT LES ÉCLATS.

Chaque éclat se laissant ainsi traîner par la région qu'il habite sur la région qu'il ne peut pénétrer, est obligé de pivoter comme pivote la roue d'un char par le frottement qu'elle éprouve sur le sol qu'on lui fait parcourir.

Ce pivotement continuel étendant toutes les parties mobiles qui sont à la surface d'un éclat, lui donne la forme sphéroïde et établit l'équilibre de son volume.

DE L'EAU QUI PÉNÈTRE LES ÉCLATS.

Un éclat qui a plongé dans les régions aqueuses emporte, en rétrogradant vers le soleil, la portion du fluide qui s'est introduite dans son volume; et lorsqu'il est remonté dans la région où son poids, diminué de son élan et augmenté du poids de l'eau qu'il contient, lui assigne une place, sa surface est maintenue dans un état de vapeur variable en raison de la force de sa chaleur à cet endroit de la fusion; car, suivant l'état de la chaleur, le fluide incorporé à cet éclat est en glace, en eau ou en vapeur; en vapeur, il s'élève au-dessus du sol jusqu'au point où le rejet des rayons du soleil cesse d'ajouter sa force à leur puissance centrifuge; arrivée à la hauteur où cesse ce rejet, la vapeur, promenée par la rotation dans cette partie du fluide dont dispose l'éclat, est condensée et rétablie en eau par les vents froids, et dans cet état, plus lourde que l'air atmosphérique du tégument, elle retombe sur le sol.

Quand la chaleur du soleil est grande, elle convertit en vapeur une plus grande quantité de l'eau contenue dans les concavités de la surface d'un éclat; or, à ce moment, le poids de cet éclat étant plus léger en raison de son volume, qui est resté le même, est obligé de s'approcher du soleil, et par conséquent de diminuer le trajet circulaire que la fusion lui fait faire autour de cet astre; quand le froid retransforme cette vapeur en eau, le poids de l'éclat devenant plus considérable, il est obligé de plonger plus avant dans la fusion, ce qui produit l'effet contraire et lui fait éprouver un refroidissement momentané; donc un éclat qui est en grande partie couvert d'eau n'a pas une marche entièrement régulière, mais une marche subordonnée à la plus ou moins grande puissance des rayons du soleil.

Il suit de là que quand le départ de quelques éclats rend une partie de la surface du soleil moins enflammée, un vieil éclat, en passant devant cette partie moins enflammée, éprouve un changement de température d'autant plus grand, que non-seulement il est frappé par des rayons moins chauds, mais aussi parce qu'étant plus lourd, il plonge plus avant dans les régions moins chaudes.

C'est l'effet qu'a produit sur notre globe la pluie presque générale et continuelle de 1829: l'hiver qui le suivit fut très-froid, et quelque temps après, on découvrit une comète qui, lancée avec force et d'un poids considérable, était allée plonger hors de la portée de nos instruments, et remontait sans doute derrière le soleil, tandis que notre globe passait devant la place quittée par elle, et qui, momentanément moins enflammée que le reste de la surface de cet astre, nous a fait éprouver ce mauvais temps.

Lorsqu'un éclat en grande partie couvert d'eau passe devant les parties du soleil qui sont moins enflammées, les rayons de cet astre étant à cet endroit moins puissants, ont un rejet plus court; la vapeur s'élève moins haut au-dessus du sol de l'éclat, et par cela possède une moins grande surface sphérique aérienne pour se promener et s'étendre autour de cet éclat, et est ainsi forcée de se réunir plus tôt en masse, et par conséquent de retomber plus souvent. Cet effet cesse quand l'éclat passe devant des parties plus enflammées.

DE LA MUTATION DES ÉCLATS.

Les éclats qui sont entièrement éteints stationnent indéfiniment dans la région qu'ils habitent, parce que leur contexture ne changeant pas, leur poids est toujours dans le même rapport avec leur volume; ils n'ont de chance de déplacement que si, par sa rencontre, un autre éclat les soumettait à son mouvement.

Parmi les éclats qui ne sont pas entièrement éteints, s'il en est qui paraissent stationnaires dans les régions qu'ils occupent, c'est que leur changement de contexture s'opère lentement ; mais il n'est pas douteux qu'ils ne finissent par se rapprocher du soleil en s'allégeant par des éruptions.

Cette mutation, d'abord imperceptible si le volume de l'éclat est considérable, devient de plus en plus sensible quand le foyer qui ronge son intérieur grandit et dépense à mesure beaucoup plus de substances.

Un éclat ne peut augmenter sa distance du soleil que lorsqu'il diminue de volume en conservant la même pesanteur ; ce qui arrive, tel qu'il est dit plus haut, lorsque la vapeur qui l'entoure est transformée en eau par l'effet du refroidissement, ou que l'eau qui coule à sa surface s'introduit à son intérieur et en chasse le gaz, ou enfin quand il arrive que, par un déchirement de son volume, les parties n'étant pas lancées avec assez de force pour s'éloigner les unes des autres, sont rapprochées et rétablissent sa masse d'une contexture plus serrée.

DU DÉPLACEMENT ACCIDENTEL DES ÉCLATS.

Un nouvel éclat d'un volume considérable, ou un ancien éclat qu'une cause quelconque obligerait à changer de place, pourrait, en passant près d'un ou de plusieurs éclats, changer leur mouvement de rotation, si, ne s'approchant pas suffisamment pour les heurter ou les embraser, il ne faisait que les soumettre à son mouvement au moyen de la partie du fluide qu'il dirige par son pivotement.

Mais si les éclats qui parcourent l'espace sans être encore fixés dans une région, sont d'un volume plus petit que celui des éclats qu'ils rencontrent, ils peuvent être forcés de s'arrêter et de se fixer près d'eux.

Ces réunions d'éclats ont plusieurs causes. Un éclat d'un petit volume peut avoir suivi et s'être fixé à un grand éclat au moment où celui-ci s'éloignait du soleil; un autre éclat, en se détachant de la masse d'un éclat plus grand que lui, a pu être obligé, par son poids, de rester sous la domination du tégument de cet éclat; enfin un autre a pu venir longtemps après l'arrivée du grand éclat, et rencontrer son tégument, qui aura disposé de lui, ou avoir été rencontré par le grand éclat au moment où celui-ci faisait le trajet centrifuge ou centripète.

Ainsi un grand éclat peut avoir un ou plusieurs satellites provenant de ces diverses causes.

Ce tégument préserve les éclats de l'approche des autres éclats, qui ne sont pas assez puissants pour dominer sa répulsion.

C'est à cette portion du fluide dont chaque éclat dispose, que sa surface doit une température moyenne, cette partie se mêlant successivement, pendant le jour de chaque contrée, avec le fluide de la région chaude, et pendant la nuit avec celui de la région froide, sur laquelle l'éclat s'appuie.

DE LA DESTRUCTION DES ÉCLATS.

Non-seulement un éclat, en parcourant l'espace, peut forcer les éclats qu'il rencontre à suivre son mouvement, ou être forcé lui-même d'obéir à leur puissance, mais il peut aussi, par le choc, les briser, les enflammer, ou être brisé et enflammé par eux.

Ce n'est que par ces rencontres accidentelles que les éclats d'un petit volume qui se sont entièrement éteints dans le fluide, peuvent être détruits; mais, pour les éclats restés embrasés, il existe encore plusieurs causes de destruction; celle produite par l'allégement de leur volume, qui s'opère par des éruptions, comme il est dit plus haut, ou par l'explosion de leur volume, ce qui arrive par les obstacles que le gaz intérieur peut rencontrer; dans ce dernier cas, chaque éclat va prendre dans l'espace la place que son poids lui assigne, et reste soumis aux lois de cet ensemble.

Cette dernière cause de destruction est moins à craindre pour un ancien éclat que pour un nouveau, parce que le feu ayant consommé le centre du vieil éclat, s'est approché de sa surface, où le fluide extérieur, introduit par des crevasses, lui donne plus d'activité et le sollicite à consommer ces parties, dont les solides, les laves et le gaz s'échappent par petite quantité, et que dans cet état il n'y a plus de compression gazeuse possible assez forte vers le centre pour détruire son volume.

Pour qu'un ancien éclat puisse être détruit par une explosion, il faudrait qu'il s'y introduisît une quantité d'eau assez considérable pour, en s'incorporant au résidu, y former plus de gaz qu'il ne pourrait s'en échapper à la fois par les ouvertures existantes à sa surface.

Si le feu, en rongeant les combustibles près la surface d'un éclat, ne trouve pas d'issue pour l'échappée de son gaz, il fait explosion, et s'il soulève le terrain qui le couvre, alors à cet endroit la superficie de l'éclat change de physionomie; si cette explosion, au lieu de se diriger vers la surface, se dirige dans un vide à l'intérieur de cet éclat, on ressent à sa surface une secousse plus ou moins violente. C'est à ces divers effets qu'on a donné le nom de tremblements de terre.

DU JOUR ET DE LA NUIT POUR CHAQUE ÉCLAT.

Le soleil étant placé au centre de l'univers, tous les éclats qui sont autour de lui dans cette fusion ont constamment la moitié de leur surface éclairée, sauf quand ils sont momentanément derrière d'autres éclats qui, selon leur place et leur volume, les privent, en passant devant eux, soit entièrement, soit en partie, de cette lumière centrale.

On reconnaît facilement cet effet de l'ombre d'un éclat sur un autre, en remarquant qu'un objet frappé par des rayons de lumière prive de cette lumière chaque objet qui passe derrière lui, ou devant lequel il passe.

A chaque tour de pivotement d'un éclat, toutes les parties de sa surface passent successivement vis-à-vis le soleil et vis-à-vis l'enveloppe de glace, ce qui produit pour chacune d'elles le jour et la nuit.

Plus le mouvement d'un éclat est accéléré, plus son jour et sa nuit sont courts. Cette célérité dépend, ainsi qu'il est dit plus haut, tant de la vitesse de la région qui promène l'éclat, que de la dimension de cet éclat, et aussi selon la place que l'éclat occupe dans la région et la grandeur de cette région.

Deux éclats semblables placés dans la même région, mais dont l'un serait à peu de distance de l'axe de rotation général, et l'autre à la plus grande circonférence dans cette région, ne pourraient avoir le même nombre de jours, ni des jours de même grandeur. Emportés avec la même vitesse par la région, ils feraient le tour du soleil dans un même espace de temps ; mais celui le plus éloigné de l'axe serait obligé de pivoter un plus grand nombre de fois que l'autre, et aurait par conséquent son mouvement beaucoup plus accéléré.

La lumière du soleil est, pour chaque éclat, le point le plus lumineux de l'espace dont il reflète les rayons.

Pour bien comprendre cet effet du rejet de la lumière, il faut faire attention que plus un corps est poli, c'est-à-dire plus les aspérités de sa surface sont petites, plus ce corps rejette de lumière; que plus un corps est grand, moins les aspérités qui sont à sa surface paraissent grandes, à moins qu'elles ne soient proportionnées à sa grandeur; enfin, que l'éloignement, qui fait paraître si petits à nos yeux les énormes volumes que nous nommons étoiles, doit diminuer tellement les grandes aspérités qui sont à leur surface, que cette surface doit nous paraître polie comme un miroir qui reflète les rayons lumineux.

C'est par l'effet du rejet de la lumière que la partie éclairée de chaque éclat paraît lumineuse à tous les autres éclats qui sont dans l'espace du côté de cette partie éclairée, et c'est par l'effet du pivotement que chacun de ces corps paraît étinceler, les aspérités y formant ombre, et les grandes parties occupées par l'eau y formant miroir.

Tous les éclats placés entre le soleil et l'éclat qui examine, et qui sont aperçus par l'observateur dans le cours de sa journée, lui paraissent sans lumière, parce qu'il voit le côté de ces volumes qui est tourné vers l'enveloppe de glace, et que ce côté d'un éclat ne peut être éclairé que par la lumière d'un éclat enflammé, ou par le reflet d'un autre éclat, comme la terre est éclairée par le reflet de la lune.

Les éclats qui ont l'éclat observateur entre eux et le soleil, sont éclairés du côté où l'observateur les voit. L'observateur ne les aperçoit que dans la nuit de la contrée qu'il habite ; ils lui paraissent brillants, à moins que son éclat ou quelque autre volume ne porte ombre sur eux.

L'éclat habité par l'observateur est une étoile lumineuse pour les éclats qui le voient du côté où ils regardent l'enveloppe de glace; toutes ses aspérités, comme toutes celles des autres éclats, sont successivement, à chaque tour de rotation, rayonnantes de lumière pendant leur journée, sombres pendant leur nuit, aperçues l'une après l'autre par les contrées des autres éclats qui sont autour de lui, et qu'elles voient aussi l'une après l'autre en tournant dans l'espace.

DES ÉCLIPSES.

Les éclats entourant le soleil sont tous à la fois frappés par ses rayons, sauf ceux qui passent derrière les autres, ou devant lesquels d'autres passent.

Le temps de cette privation de lumière se nomme éclipse de soleil.

Comme les éclats reflètent les rayons du soleil, si un éclat passe entre un éclat qui reflète et celui qui reçoit le reflet, il y a encore éclipse; cette éclipse prend le nom du corps qui, privé de lumière, ne reflète plus.

Il y a éclipse de soleil pour un éclat chaque fois qu'un autre éclat placé dans une région plus voisine du soleil passe entre lui et cet astre; au moment de ce passage, il prive non-seulement les habitants de cet éclat de recevoir la lumière du soleil, mais il empêche aussi ceux des siens placés dans la partie qui regarde l'enveloppe de glace, et qui chaque nuit aperçoivent l'éclat éloigné au nombre des corps éclairés, de voir cet éclat, à moins toutefois qu'il soit assez éclairé par quelque reflet.

Comme les éclats sont plus petits que le volume du soleil, l'ombre qu'ils produisent forme un cône dont ils sont la base.

Pour qu'il y ait éclipse d'un éclat, il faut qu'il

soit placé dans le cône que forme l'ombre d'un autre éclat, et pour qu'il soit entièrement privé de la lumière, il faut que ce corps obstruant soit plus gros que lui.

Il suit de là que les éclipses sont totales, annulaires ou partielles, selon le volume du corps privé de lumière, et sa position dans le cône formé par l'ombre du corps obstruant.

DU MOUVEMENT ASCENSIONNEL DES ÉCLATS.

Pour comprendre le mouvement ascensionnel d'un éclat, il faut se rappeler que la chaleur étant lancée plus loin et avec plus de force du milieu de la hauteur du soleil, fait prendre à la fusion une forme lenticulaire ; qu'en raison de cette forme, chaque région de la fusion doit être considérée comme composée de deux calottes sphéroïdes, ayant chacune un peu moins de hauteur qu'une demi-sphère, ce qui donne à la surface intérieure de chaque couche, et à sa surface extérieure, une courbure brisée, dont l'arête, formée par le jet principal, est vis-à-vis le centre du soleil.

Connaissant la forme de chacune de ces couches lenticulaires, on concevra que, lorsqu'un éclat vient se placer dans une région, de façon, par exemple, que la plus grande partie de son volume soit au-dessous du jet principal, cet éclat a dans ce moment son axe de pivotement penché de manière à couper le plan du jet principal à angle aigu par-dessous, et à angle obtus par-dessus; placé ainsi, il laisse passer au-dessus de lui des jets de chaleur plus chauds que ceux qui passent au-dessous. Le fluide de son tégument est plus chauffé dans la partie au-dessus de lui que dans la partie au-dessous; alors la partie moins chaude, qui est par conséquent la plus lourde de tout l'ensemble de ce tégument, force l'éclat à remonter dans la partie la plus légère. Cet éclat est obligé, tout en se laissant emporter par sa région et pivotant comme les autres éclats, de faire un mouvement parallèle à l'axe du soleil, et, en faisant ce mouvement, de redresser son axe, parce qu'alors il touche également la courbure des deux demi-calottes de sa région; redressé ainsi, ayant son tégument également chauffé au-dessus et au-dessous de lui, cet éclat resterait à ce point, si cette partie de son tégument qui, étant la plus chaude, l'a laissé monter, ne continuait à s'échauffer autant que l'autre partie, et à lui donner ainsi la faculté de monter encore. En montant ainsi, cette partie, plus chauffée, passera à son tour devant des jets de chaleur dont la puissance sera moins grande que celle des jets devant lesquels la partie au-dessous de l'éclat passera; alors cette partie opposée s'échauffera à son tour, de façon à céder à la partie supérieure que lui renverra l'éclat; cet éclat, en montant et descendant ainsi, sera forcé de pencher son axe de rotation dans un sens, puis dans un autre, et de recommencer ainsi chaque fois que chaque partie opposée de son tégument, en s'échauffant, lui permettra de la pénétrer.

Ce renvoi continuel et successif produit l'hiver et l'été pour chaque contrée d'un éclat ascensionnel, parce que cet éclat monte et descend par la puissance d'une dilatation périodique, et que les jets de la chaleur sont périodiquement aussi plus ou moins directs pour chaque partie de cet éclat, la forme lenticulaire de la région obligeant l'éclat à s'incliner chaque fois qu'il s'élève ou qu'il descend devant le jet principal, pendant le cours de son trajet autour du soleil.

Le centre d'un éclat peut passer plus ou moins de fois devant le jet principal, en faisant ce trajet; cela dépend du temps nécessaire pour dilater son tégument dans la partie au-dessus et au-dessous de lui.

Un éclat ascensionnel pourrait donc avoir plusieurs fois ses différentes saisons en faisant le tour du soleil, tandis qu'un autre éclat placé dans la même région que lui pourrait ne les avoir qu'une seule fois dans le même espace de temps.

Il suffirait pour cela que le tégument de l'un, moins épais que celui de l'autre, soit plus tôt dilaté.

Il suit de là que les éclats ascensionnels placés dans la même région, bien qu'ils soient emportés avec la même vitesse dans le sens de la marche de rotation générale, n'ont pas une marche ascensionnelle régulière entre eux, l'un pouvant s'élever plus de fois que l'autre dans le même espace de temps, et à une plus grande hauteur; ce qui fait qu'ils ne peuvent se voir qu'à des intervalles réglés par ces causes.

EXPOSÉ

DES RAPPORTS DE NOTRE GLOBE

AVEC

L'ENSEMBLE UNIVERSEL.

ÉTAT PRIMITIF.

En examinant la nature et l'état des principales parties qui constituent le solide de notre globe, on reconnaît qu'au moment de sa séparation d'avec le soleil, il était dans un état de consommation peu avancée, et par conséquent d'un poids relatif assez considérable; que dans cet état, poussé par la force centrifuge, il dut traverser rapidement la fusion et aller plonger dans les régions froides, où, ayant éteint sa surface et perdu la force de son élan, n'ayant plus à opposer à la pesanteur de cette partie que son poids et celui de l'eau que cette submersion avait introduite dans ses cavités, il fut obligé de remonter dans la partie où la fusion était de même pesanteur, à volume égal.

POSITION ACTUELLE.

Le globe continua de remonter selon l'allégement qu'il éprouva, tant par l'aspiration du soleil qui dégagea sa surface d'une partie de l'eau qui la couvrait, que par le vide et la production du gaz que le feu concentré faisait aux dépens de son volume.

Remonté dans les régions moyennes où il est aujourd'hui, et placé sous l'influence du jet majeur, il éprouva le mouvement ascensionnel qui, lui imposant la double inclinaison pendant le cours de son trajet autour du soleil, produit la variation des jours et des saisons.

DE LA TERRE QUI COUVRE LA SURFACE DU GLOBE.

La terre qui couvre la surface du globe est le résultat de la combustion et de la destruction continuelle de tout ce qui se produit aux dépens d'elle. Le vent et le mouvement de rotation étendent cette cendre sur tout le globe, et le soleil la rend féconde, en y mêlant journellement le gaz générateur qu'il éjacule autour de lui. C'est par l'effet de ce pivotement que s'établit l'équilibre du globe, qui l'oblige à s'appuyer continuellement sur son équateur.

Comme tout se produit selon les qualités de la terre qui alimente la végétation, et que les différents débris de ses productions, en la reproduisant, lui donnent une couleur et des propriétés selon leur nature; enfin, comme les déchirements que les volcans ont fait éprouver à la surface du globe, ont mêlé et placé à côté les unes des autres des portions de cendre produites par des ingrédients tout différents, il n'est pas étonnant de trouver à sa surface et dans son sein des endroits où le terrain change subitement de couleur et de qualité, et où la combinaison de toutes ces parties produit des variétés dans les minéraux, les végétaux et les animaux.

DES MONTAGNES.

La submersion de la surface du globe lui conserva la forme irrégulière d'un morceau de combustible nouvellement séparé de la masse dont il faisait partie.

Ses grandes aspérités formèrent les montagnes primitives, et ses immenses cavités, après avoir offert un très-grand développement de surface qui s'imbiba dans les régions aqueuses comblées par les éboulements, par la cendre et par les eaux, devinrent ce qu'on les voit aujourd'hui, mers et continents.

Plus tard, les volcans, en rejetant à sa surface les parties solides et les cendres qu'ils détachèrent de son intérieur, formèrent les montagnes accidentelles.

DE L'OSSATURE DU GLOBE.

Après avoir examiné les grands traits qui, à la surface du globe, dénoncent son origine, si l'on fouille dans ses entrailles, on trouve le tuf et l'eau, et à diverses profondeurs, des matériaux dont la physionomie, la couleur, la contexture et la solidité, varient en raison des substances premières qui formaient la masse de l'éclat, et l'état de consommation plus ou moins avancée où se trouvaient ces matières, lors de la séparation d'avec le soleil, et aussi en raison du laps de temps qu'elles ont été soumises à l'action de l'eau qui introduit les ingrédients nécessaires à la pétrification et à la calcination qui, pour les anciennes substances et celles que mille circonstances peuvent avoir produites depuis, les a constituées plus ou moins fortement, selon leur nature et la qualité des ingrédients.

On trouve aussi des parties plus nouvellement enfermées dans ses entrailles, soit par des mouvements survenus à sa surface par des commotions volcaniques, soit par des éboulements de terrains dégradés par le temps, qui sont aussi plus ou moins solidifiés par les mêmes causes.

Les bancs de ces concrétions, quoique différents de nature, d'épaisseur, et même laissant quelques vides entre eux, forment ensemble une couche solide irrégulière, dont l'immensité figure une voûte sphéroïde, que de continuelles infiltrations rétablissent sans cesse, et qui, servant d'ossature à cet éclat, protége les aspérités qui le surmontent contre les vides formés par le feu des volcans qui rongent continuellement ses entrailles, et contre ceux que volontairement on y établit, pour en tirer une infinité de substances que notre civilisation avancée nous a rendues nécessaires.

DES COMBUSTIBLES INTERNES.

Si, voulant plus que les bois et les tourbes que la combinaison de l'eau et des végétaux produit à la surface du globe, on fouille dans ses entrailles, on y trouve, après avoir percé les couches des concrétions, des combustibles carbonisés par le feu que le fluide refoula vers le centre. Ces combustibles sont, ou des parties de la masse primitive qui n'ont pas été brûlées entièrement avant le plongement de notre globe, ou des combustibles plus nouvellement introduits par les déchirements qui ont occasionné l'engloutissement subit des bois et tourbes qui couvraient en grande quantité sa surface, dans ces premiers temps : bois et tourbes que le feu intérieur a rencontrés, enflammés, et qui se sont trouvés étouffés sous leur propre cendre, et qui, selon la puissance et la nature des infiltrations, ou leur propre nature, sont restés combustibles au lieu de devenir marbre ou autres solides.

DES VOLCANS.

Le feu refoulé par le plongement vers le centre du globe, décomposa progressivement et en grande partie ce qu'il contenait de combustible, et fit explosion, aussitôt que la compression fit obstacle à l'échappée de son gaz. Les parties les moins liées cédèrent le passage à l'éruption du premier volcan. Après l'ouverture successive d'un assez grand nombre de ces bouches, les éboulements intérieurs formèrent des courants, et dès lors les explosions furent moins fréquentes et moins considérables.

Quelques-unes de ces ouvertures, telles que le Vésuve, l'Etna, l'Hécla, l'Albour et d'autres, sont restées ouvertes : de plus nouvelles et de plus anciennes sont refermées, soit que le feu ayant dévoré tous les combustibles souterrains dans ces parties du globe, s'y soit éteint ou dirigé vers d'autres contrées, en rongeant la couche de substances embrasables, soit que l'introduction subite d'une masse d'eau considérable ait terminé l'existence de ces foyers.

La formation d'un volcan dépendant de la nécessité d'une issue pour l'échappée du gaz, on ne peut prévoir quel sera le point de la surface du globe qui cédera le premier ce passage aux éruptions dont les localités alimentaires, étant placées très-avant dans le globe, nous sont inconnues.

La puissance du feu intérieur a changé la structure primitive du globe, soit en rejetant à sa surface les parties internes, soit en engloutissant les montagnes dont il avait rongé les points d'appui.

DE LA LÉGÈRETÉ DU GLOBE.

Le poids de ce volume, composé en plus grande partie de pierre, de cendre et d'eau, paraît tellement considérable, qu'on douterait que l'air d'une région puisse le soutenir, si on ne se rappelait l'ascension de la boule de terre, contenant du gaz, dont il est question dans l'introduction; et si l'on ne faisait attention que, vu l'éloignement du soleil, l'air de la région qui soutient le globe doit être plus lourd que celui de la région qui le contient, lequel est déjà plus lourd que l'air du tégument, puisque, par la réfraction des rayons du soleil, l'air du tégument est beaucoup plus léger que celui de ces régions, surtout dans la partie de son épaisseur qui est près de la terre, jusqu'à la hauteur où cesse le rejet de la chaleur.

DU VENT.

Le vent qui agite continuellement le tégument du globe, n'est autre chose que la projection des globules produits par la combustion incessante du soleil.

La force, la direction, la quantité, la durée et la nature de chacune de ces fusées de gaz, sont les causes des effets aériens que nous ressentons à la surface du globe.

Le vent, selon ce qu'il contient de favorable ou de contraire à la végétation et à l'aspiration des individus, provoque leur développement ou leur mort.

Ces globules, soit qu'ils arrivent directement du soleil, soit qu'en allant jusqu'aux régions glacées, ils fassent refluer l'air de ces régions vers la surface du globe, exerceraient une action très-vive sur cette surface, si leur mélange avec l'air du tégument ne s'opposait en partie à ces divers effets.

Les aspérités qui couvrent la surface du globe font aussi varier l'effet des globules qui viennent frapper cette surface; ils s'y brisent, et en passant avec rapidité entre les chaînes de montagnes, produisent des effets extrêmement redoutables, comparables à ceux qu'ils produisent sur l'eau au moment des tempêtes.

DE L'AIR QUE NOUS RESPIRONS.

Cette portion du tégument près la surface du globe, d'une température variable en raison du plus ou du moins de chaleur des rayons du soleil à chaque tour de rotation, est incessamment mélangée aux gaz produits par le soleil et aux émanations qui s'échappent du sol.

Cette composition varie en raison de la hauteur du lieu, des émanations partielles et des globules de vent, qui, dans leur trajet centrifuge, ou dans leur retour vers le centre générateur, sont plus ou moins dégagés des parties du gaz qui les a formés, et plus ou moins chauds.

DU TRAJET ANNUEL AUTOUR DU SOLEIL.

En effectuant son trajet annuel autour du soleil, le globe appuie trois cent soixante cinq fois et environ un quart, sa circonférence équatoriale sur la région qui le soutient; à la fin de ce trajet, il se trouve au même point vis-à-vis le soleil.

Pendant ce trajet annuel, le globe est obligé, vu sa position devant le jet majeur, d'obéir au mouvement ascensionnel qui lui fait subir le double penchement auquel il doit ses quatre saisons.

DE L'EAU.

Selon l'état du sol dans certaines contrées de la surface du globe, une partie de l'eau qu'il rapporta des régions froides pénétra son volume et y séjourne encore, se renouvelant par des infiltrations et des jaillissements continuels et accidentels.

Cette partie de l'eau, en parcourant l'intérieur de ce volume, concourt, ainsi qu'il est dit plus haut, à la calcination et à la pétrification des parties solides qu'on trouve en fouillant ses entrailles; elle constitue et entretient l'ossature.

L'autre partie de ce fluide à laquelle le sol n'offrit pas de passage, resta à la surface ou s'écoula dans les immenses bassins qui forment les mers, d'où étant incessamment vaporisée par les rayons du soleil comme celle qui imbibe le sol, elle s'élève et se mêle avec l'air du tégument, puis, retransformée en eau par les vents froids, retombe sur le sol, où elle rafraîchit les plantes et aide la végétation, et ensuite, après avoir formé ou alimenté les sources et les fleuves, elle retourne vers ces mêmes grands bassins dans lesquels elle est constamment soumise aux lois du flux et du reflux.

DU FLUX ET DU REFLUX.

Le mouvement continuel de notre globe, qui fait que chacun des points de son équateur à chaque tour de rotation, lorsqu'il passe devant le soleil, est le point le plus haut de son volume, et lorsqu'il passe devant l'enveloppe de glace, est le point le plus bas, fait que chaque jour, à une heure connue mais variable selon la position du lieu, le penchement du globe, à cette époque de l'année et aussi selon le point où s'effectue à ce moment le refoulement de l'air par la pression de la lune, l'eau de la mer, qui est mobile et pesante, descend vers le rivage qu'elle baigne, et le quitte après une somme de temps également connue et variable.

Dans ce mouvement de l'eau, que l'on nomme le flux et le reflux, l'irrégularité et les aspérités de la surface du globe, la profondeur des bassins qui reçoivent l'eau, dont les plus creux peuvent en retenir une plus grande quantité dans une position plus inclinée, influent sur la marche de ce fluide, l'activent ou la retardent, et par conséquent font arriver cette eau plutôt à un endroit qu'à un autre; la forme et la place de ces obstacles rendent aussi quelquefois l'arrivée plus difficile que le retour.

Il pourrait y avoir submersion pour quelques contrées lorsqu'elles arrivent au point le plus bas, si ce point vers lequel l'eau se dirige n'était aussi celui où s'effectue à ce moment la pression progressive du globe sur la fusion. Cette pression refoulant avec force l'air du tégument le fait s'opposer à cette submersion.

A l'équinoxe, moment où l'axe du globe est parallèle à l'axe du soleil, toute côte qui est parallèle au méridien et qui précède le continent qu'elle baigne en remontant l'eau de minuit à midi, a sa plus haute mer, dans sa matinée, jusqu'à ce qu'une portion du bassin de cette mer commence à couler en sens inverse; tandis qu'au contraire les côtes qui marchent à reculons en suivant leur continent, sont quittées par l'eau lorsqu'elles remontent; elles ont leur plus basse mer à midi et leur plus haute à six heures du soir, moment où elles soutiennent l'eau qui les suit : telle est la côte de Guinée.

En examinant la côte de Zanguebar qui borde l'Afrique du côté opposé à celle de Guinée, et qui commence comme tous les autres points du globe à redescendre quand elle vient de passer en face le soleil, on voit qu'elle a sa plus haute mer dans sa matinée, et sa plus basse dans son après-midi.

Les flux et les reflux sont peu sensibles dans

les mers d'une petite étendue, à moins qu'elles ne soient alimentées par une grande mer.

Par exemple, dans la Méditerranée, la plus haute mer sur les côtes d'Espagne, qui doit être le matin, serait encore plus haute si le détroit de Gibraltar ne vidait une partie de cette mer dans l'Océan. La plus haute mer sur les côtes d'Arabie qui regardent ce détroit est dans l'après-midi.

Suivant le degré de penchement du globe aux diverses époques de l'année, les flux et les reflux diffèrent en force pour les différentes localités.

DES SAISONS, DES JOURS ET DES NUITS.

Le mouvement ascensionnel, en imposant au globe un double penchement, fait que, pendant qu'un hémisphère, en s'inclinant progressivement vers le soleil, éprouve un accroissement dans sa chaleur et la durée de ses jours, l'hémisphère opposé éprouve l'effet contraire, et réciproquement; ce qui fait que les jours décroissent dans l'hémisphère arctique, tandis qu'ils augmentent dans l'hémisphère antarctique, et que pendant le printemps et l'été de l'un, l'autre est dans son automne et son hiver.

FIN.

BIBLIOTHEQUE ROYALE

www.ingramcontent.com/pod-product-compliance
Ingram Content Group UK Ltd.
Pitfield, Milton Keynes, MK11 3LW, UK
UKHW021509260726
13993UKWH00004B/1624

9 782329 316949